AF459402

SUPPLÉMENT
A
L'AMI
DES HABITANS
DE LA CAMPAGNE.

CHAPITRE XI.

Médecine et Chirurgie.

Soit à la ville soit aux champs, le premier des biens c'est la santé; j'ai donc consacré cet article à la médecine et à la chirurgie. Les habitans des villes, près des secours, auront peu besoin d'user des moyens de soulagement que je leur offre; mais il n'en sera pas de même de ceux de la campagne; loin de tous secours, ils me sauront gré, je l'espère, des moyens que je leur indique pour parer aux accidens imprévus, et parvenir à arrêter la vie (si je puis parler ainsi) jusqu'à l'arrivée du médecin, qu'on ne doit jamais négliger d'aller chercher dès que l'accident est grave. Mais le temps qui s'écoule jusqu'à son arrivée peut amener la mort si on ne se hâte d'apporter les premiers secours.

Pour secourir les siens ou ses voisins, il ne suffit pas de la bonne volonté, il faut encore avoir les moyens de le faire. Je donne, dans ce chapitre, la description des drogues devant composer la pharmacie d'un bon habitant de la campagne; elle est peu coûteuse, et est suffisante pour parer à bien des accidents. Les maires, les curés devraient en avoir une, et ils auraient parfois le bonheur d'être utiles à leurs administrés.

344. APOPLEXIE. Appliquez sur la tête une poule entière, ouverte et toute chaude.

345. *Autre remède.* Lorsqu'on a lieu de craindre l'apoplexie, il est bon de prendre tous les matins, à jeun, une pincée de graine de moutarde seule, ou dans un véhicule.

346. *Autre remède.* Pendant que l'on court chercher le médecin, il est bien de tenir le malade la tête haute et libre dans ses vêtemens. On doit lui frotter vivement et fortement les jambes et les bras; puis lui faire respirer de l'alcali volatil, lui en faire même avaler dans une cuiller quelques gouttes avec de l'eau, et lui fustiger fortement les jambes avec des orties ou des verges. Si le malade est à jeun, on lui mettra les jambes dans l'eau chaude, fortement saturée de farine de moutarde, ou, à défaut, de sel et de vinaigre. Enfin, on doit poser la moutarde aux deux bras.

347. **ARTÈRE.** Une artère piquée ou ouverte par une cause quelconque, est un accident des plus fâcheux.

Le meilleur de tous les topiques, dans ce malheureux accident, est le jus d'ortie, dont on fomente la partie : on applique un jeton ou pièce de monnaie sur l'artère : après avoir enveloppé la pièce dans du papier brouillard en plusieurs doubles, on la fixe par une bande, et on court chercher le médecin.

348. **ARTICHAUT.** (Employé comme remède dans l'hydropisie.)

Si vous mêlez à un litre de vin de Madère ou de pays sec un litre de jus extrait des feuilles d'artichauts, vous aurez un préservatif excellent contre l'hydropisie (le malade doit en boire un verre à jeun et un autre le soir.)

Si vous craignez d'être attaqué de cette maladie, prenez trois cuillerées, à jeun, de ce mélange, après avoir bien agité la bouteille. L'abondance des urines dissipera bientôt vos craintes.

349. **ARSENIC, POISON.** Se hâter de faire vomir et d'aller chercher le médecin.

350. **ASPHYXIE PAR LE FROID** (Traitement de l'). L'objet principal du traitement des personnes asphyxiées par le froid est de les réchauffer;

mais on ne sait pas assez que cela doit être fait par degrés presque insensibles.

1° On commencera par envelopper le corps dans une bonne couverture, et on le portera dans la maison la plus voisine. On le déshabillera promptement et on le mettra dans un lit sans le bassiner. En même temps on préparera un bain à la température ordinaire des puits. Quand on y aura mis l'asphyxié, on versera, à la distance de deux à trois minutes, une certaine quantité d'eau chaude dans le bain, pour lui ôter successivement sa froideur, en sorte que le bain, d'abord simplement dégourdi, devienne tiède, et enfin un peu chaud. Cette augmentation de chaleur doit prendre environ trois quarts-d'heure de temps.

2° Pendant que l'individu sera dans le bain, on lui fera sur le visage de légères aspersions d'eau froide, après l'avoir légèrement frotté avec un linge sec; ce qu'on réitérera à plusieurs reprises.

3° La barbe d'une plume promenée dans le nez peut y produire un chatouillement utile, et déterminer la première inspiration. Pour parvenir au même résultat, on peut mettre sous le nez un flacon d'alcali volatil fluor, et pousser de l'air avec un tuyau dans le nez.

4° On mettra dans la bouche quelques grains de sel, et on fera avaler à l'asphyxié, le plus tôt qu'on pourra, des cuillerées d'eau froide, avec quelques gouttes d'eau de fleurs d'orange. Quand la déglutition sera plus libre, on lui donnera un petit bouillon ou un verre de vin mêlé avec un peu d'eau. On doit éviter les boissons spiritueuses.

5° Si le malade continuait à avoir de la propension à l'engourdissement, il faudrait lui faire boire un peu de vinaigre dans de l'eau; si l'assoupissement était léthargique, on recourrait aux lavemens irritans, tels que ceux de feuilles de tabac, de séné, de sel, etc.

6° On ne doit donner des alimens solides aux personnes qu'on a heureusement rappelées à la vie, que lorsqu'elles ont repris un peu de force; il faut les traiter comme si elles sortaient d'une grande maladie : en attendant, on leur fait prendre deux à trois verres d'une infusion légère de plantes vulnéraires ou de fleurs de sureau, avec quelques gouttes d'alcali volatil.

351. ASPHYXIE PAR LE MÉPHITISME (Traitement de l'). Les gaz provenant des vins en fermentation, de la combustion des charbons, des mines, des hôpitaux, des prisons, des lieux habités par un grand nombre d'hommes, dans lesquels l'air ne circule pas librement, ceux des puisards et surtout ceux des voiries, des fosses d'aisance, sont si délétères, qu'ils peuvent tuer l'homme et les animaux presque dans l'instant, ou les laisser dans un état d'asphyxie ou de mort apparente, qui est suivie plus ou moins vite de la mort réelle, si

l'art ou quelques heureuses circonstances ne l'empêchent.

Voici les moyens les plus convenables pour parer à ces accidens.

1° Il faut promptement sortir les asphyxiés du lieu méphitisé, et les exposer au grand air;

2°. Leur ôter leurs vêtemens, et faire sur le corps des aspersions d'eau froide;

3° Leur faire avaler, s'il est possible, de l'eau légèrement acidulée;

4° Leur donner des lavemens avec deux tiers d'eau froide et un tiers de vinaigre; on pourrait, après leur usage, en prescrire avec une forte dissolution de sel dans l'eau commune, et d'autres lavemens irritans, ainsi que le séné et le sel d'Epsom;

5° On tâchera d'irriter la membrane pituitaire avec la barbe d'une plume qu'on remuera doucement dans les narines, ou avec un flacon d'alcali volatil fluor, d'eau de Luce ou d'eau de reine de Hongrie, mis sous le nez;

6° On poussera de l'air dans les poumons, en soufflant pendant quelque temps dans l'une des narines avec un tuyau, et en comprimant l'autre avec les doigts pour empêcher l'air d'en sortir;

Si ces secours n'opéraient pas promptement un heureux effet, et qu'il y eût des signes de pléthore, il faudrait recourir à la saignée. Ces signes sont: la chaleur du corps, la rougeur des yeux, du visage et quelquefois du reste de la peau; le saignement du nez, et encore plus le pouls fort et dur. Dans ce malheureux cas l'intervention du chirurgien étant nécessaire, il est donc bien, dès qu'il arrive un pareil accident, de l'envoyer chercher aussitôt, et en attendant son arrivée, de faire ce qui est prescrit dans les six premiers articles.

352. **ASPHYXIE PAR LA FOUDRE.** On peut rappeler à la vie les personnes ou les animaux asphyxiés par la foudre, en mettant d'abord dans leurs narines des mêches de papier imbibées d'alcali volatil fluor, et en leur en faisant prendre une vingtaine de gouttes dans deux ou trois cuillerées d'eau froide. Si l'on aperçoit quelques signes de vie après cette première opération, on doit leur donner une seconde dose d'alcali et reporter de nouvelles mèches dans les narines.

353. **BRULURE** (Remède contre la). Toute brûlure provenant du feu ou de l'eau bouillante, est guérie sans douleur, et sans qu'il s'élève de cloche sur la partie brulée, en y appliquant de la carotte crue, râpée et posée en forme de cataplasme. On renouvelle l'application si le mal est grave.

354. *Autre remède.* Appliquez dessus du coton en bourre.

355. *Autre remède.* Si l'on est brûlé par l'eau, frottez aussitôt la partie avec quelques poignées de

farine, l'espace d'un petit quart d'heure; ensuite enveloppez avec la même farine la partie brûlée, et au bout de quelques heures on est guéri.

356. BAUME ANTI-APOPLECTIQUE. Prenez des huiles distillées de clous de girofle, de lavande, de citron, de marjolaine, de menthe, de romarin, de sauge, de bois de rose; d'absynthe, de chacune douze gouttes; d'ambre gris, six grains; de bitume de Judée, deux gros; d'huile de muscade, par expression, une once; de baume de Pérou, une quantité suffisante pour former du tout une consistance molle. Ce baume échauffe et irrite, appliqué aux narines et aux tempes; il opère sur les membres paralysés en les frottant. On l'ordonne dans les affections de tête, de nerfs, dans les stupeurs, l'apoplexie, la léthargie, etc. On le prend en bol, en électuaire, depuis trois gouttes jusqu'à six.

357. BAUME DE GÉNEVIÈVE. Prenez huile fine d'olive, trois livres; cire jaune neuve en petits morceaux, une demi-livre; eau rose, une demi-livre; du bon vin rouge, trois livres ou trois chopines; de sandal rouge en poudre, deux onces: mettez le tout dans une terrine de terre vernissée, qui contienne environ cinq ou six pintes d'eau, laissez bouillir pendant une demi-heure, remuant toujours la matière avec une spatule de bois. Ce

temps expiré, ajoutez térébenthine de Venise fine, une livre; incorporez bien le tout avec une spatule, pendant une ou deux minutes; retirez le vaisseau du feu, et quand le baume sera un peu refroidi, jetez-y du camphre en poudre deux gros, mêlez bien avec la spatule, coulez ensuite à travers un linge dans un autre vaisseau; laissez reposer jusqu'au lendemain. Lorsqu'il sera figé, faites de profondes incisions en forme de croix dans le baume avec la spatule, pour en retirer le liquide qui se sera déposé dans le fond. Mettez enfin dans un pot de faïence pour le conserver.

Propriétés. Il est un des premiers et des meilleurs spécifiques contre la gangrène. Il faut en frotter les parties gangrenées, ulcérées, meurtries, blessées, etc., sans avoir égard à ce qui est même cadavéreux; couvrir de linge ou de papier brouillard la partie affectée sur laquelle on en a étendu; panser le malade deux fois par jour, et continuer ainsi jusqu'à ce qu'il soit parfaitement guéri.

Outre les vertus reconnues de ce baume contre la gangrène, on s'en sert encore avantageusement contre les blessures, qu'elles pénètrent ou ne pénètrent pas dans le corps; contre les rhumatismes, contre les douleurs de quelque espèce qu'elles soient, même les douleurs internes, comme celle de la pleurésie, les coliques, les maux de tête, etc., en l'étendant chaud sur la partie malade et en faisant prendre deux gros par la bouche.

Dom Pernéti et le gardien des cordeliers de Montévidéo (en Amérique), qui donnèrent la recette de ce baume, ajoutent: pour les blessures, meurtrissures, ulcères, foulures, on étuve d'abord le mal avec du vin rouge tiède, on essuie légèrement; on fait ensuite une onction abondante sur le mal avec le baume, et on y applique un papier brouillard ou un linge imbibé du même baume. On renouvelle cette opération matin et soir.

Si la blessure pénètre dans la cavité du corps, on en seringue une petite quantité légèrement tiède dans la plaie, en oignant les parties voisines, et on en fait avaler un gros et demi ou deux gros. On en prend la même quantité pour la pleurésie, la colique et autres douleurs internes, maux de tête, etc.; et l'on fait en même temps des onctions chaudes sur la partie malade. On s'en sert aussi de la même manière dans les fièvres malignes.

Quand on en prend matin et soir, pendant quelques jours, deux gros dans un bouillon, il purge la vessie, guérit la gravelle, ôte les douleurs d'estomac et le fortifie, et appliqué chaud sur l'estomac, il arrête le vomissement. On s'en sert encore contre la morsure des animaux vénimeux.

358. **CHUTES** (Remède contre les blessures occasionées par des). Après avoir lavé la plaie avec

de l'eau froide, prenez un morceau de pain tendre, trempez-le dans de l'eau de puits, appliquez-le sur la plaie, et entretenez-le humide le reste de la journée, si la plaie est considérable; elle sera guérie le lendemain.

359. *Autre remède.* On pile dans un mortier des marguerites des champs, on en extrait le jus et l'on y mêle une cuillerée de vin pour un verre. Quand le malade a avalé ce mélange, on le couvre bien pour le faire suer.

360. *Autre remède.* Faites avaler sur-le-champ à la personne tombée une cuillerée d'huile d'olive.

361. COLIQUE D'ESTOMAC. On calme une colique d'estomac en prenant au moment de l'accès un demi quarteron d'huile d'olive mêlé à un petit verre de vinaigre.

362. CONSOMPTION ET CRACHEMENT DE SANG. Prenez huit beaux marrons frais, cuits à l'eau et pelés; faites-les bouillir légèrement dans un verre de lait, puis passer à travers un tamis de crin, et vous aurez ainsi une décoction claire que vous ferez bouillir une seconde fois dans un nouveau verre de lait; ajoutez y un morceau de canelle et un peu de sucre, faites mousser la liqueur et avalez chaud. Cette boisson, qui ressemble assez au chocolat, est souveraine pour les maladies de poitrine, les consomptions, les crachements de sang, etc.

363. CONSTIPATION. Cette maladie, que l'on traite souvent trop légèrement, et à laquelle on n'attache pas assez d'importance, est pourtant souvent la cause de graves désordres : elle produit presque toujours des douleurs ou coliques d'entrailles, des maux d'estomac, qui, par contre-coup, donnent les migraines, et produisent quelquefois (ou déterminent) l'apoplexie. Je ne crois pas qu'après les purgatifs et les lavemens, dont il ne faut pas abuser, il y ait rien de mieux à faire que de suivre le conseil que donne Buchan : « de se présenter au siége, bien que l'on n'éprouve aucune envie. » Il arrive souvent que le temps et les efforts amènent des évacuations très-salutaires. Ce sage conseil m'a guéri de cette maladie.

364. CORS (Remède pour les). Après avoir pris un bain de pieds adoucissant, ayez un morceau de parchemin que vous tremperez quelques minutes dans de l'eau, pour le ramollir; faites-y un trou de la grandeur du cor, pilez de l'ail, appliquez-le sur le corps avec le parchemin, que vous y avez déjà placé; renouvelez le remède pendant deux ou trois nuits de suite, et le corps disparaîtra avec une légère suppuration qui ne durera que vingt-quatre heures.

365. *Autre remède.* Mettez infuser dans du bon vinaigre des feuilles de lierre à cautère. Après vingt-quatre heures d'influsion, vous pouvez commencer

à vous en servir. Après avoir pris un bain de pieds et nettoyé ses corps, on appliquera une feuille, que l'on fixera sur le corps avec une petite bande; on renouvellera la feuille tous les soirs en se couchant; au bout de trois ou quatre jours on reprendra un bain, et on aura soin d'enlever les parties mortes du cor, puis on remettra une feuille. Il est rare qu'un cor résiste plus d'une douzaine de jours à ce remède.

366. **COUPS DE SOLEIL** (Remède contre les). Appliquez une bouteille pleine d'eau sur la partie frappée, de manière que le goulot de la bouteille appuie sur la place du mal; laissez-y la bouteille ainsi renversée jusqu'à ce qu'on y aperçoive un léger frémissement ou une espèce de fermentation, alors le malade est guéri.

367. **COUPURES.** (*Manière de les soigner.*) Une coupure légère est bientôt guérie, si on la tient à l'abri de l'air et du frottement, qui s'opposeraient à sa réunion. On remplit cet objet en appliquant simplement dessus une petite compresse imbibée d'eau et de vin et maintenue par un bandage à peu près semblable à celui d'une saignée.

Si la blessure est profonde, il faudra la laisser saigner quelques instans, on doit même la presser doucement pour en faire sortir les caillots; dès-lors, le sang étant bien exprimé, et la plaie bien nettoyée, on rapproche les lèvres de la coupure et on les maintient rapprochées par deux petites compresses, posées le long de chaque côté de la plaie. On humecte les compresses avec un peu d'eau et de vin, mais point de corps gras, ni eau-de-vie. Si, enfin, il y avait hémorragie, il faudrait frapper d'eau froide et la blessure et les contours, et même tout le membre; de cette manière on parvient souvent à arrêter le sang produit par la lésion de quelques artérioles. Si ce moyen ne réussissait pas, il faudrait mettre de l'amadou dans la plaie et par-dessus un bon tampon de charpie, maintenu par une bande, en évitant de trop serrer; et avoir recours au chirurgien.

368. CRAMPES (Remède contre les). Le meilleur remède mis en usage jusqu'à ce jour, est celui-ci: prenez dix à douze gouttes d'alcali volatil, dans un demi-verre d'eau; et l'on provoque les sueurs par des décoctions très-abondantes et très-chaudes de sauge ou de cannelle, en observant la diète la plus exacte. Il est rare que le malade ne soit guéri le jour même; mais si le cas arrivait, il faudrait avoir recours à une seconde dose d'alcali.

369. *Autre remède.* Prenez la quantité de soufre pulvérisé pour remplir deux sachets de peau de l'étendue d'un ou deux pouces environ; le soir, en

vous couchant, assujettissez ces sachets autour du coude-pied, au moyen de deux cordons, les crampes disparaîtront en peu de temps.

370. *Autre remède.* On peut, pour la même incommodité, porter un bâton de soufre dans la poche la plus voisine de la chair.

371. DENTS (Remède contre les maux de). Hirsch guérissait les maux de dents en les touchant avec les doigts entre lesquels il avait écrasé un petit insecte connu vulgairement sous le nom de bête-à-bondieu : c'est l'espèce dont les ailes sont rouges et marquetées de sept points noirs.

372. *Autre remède.* Un soldat qui souffrait des dents au point d'entrer quelquefois en fureur, se guérit en mettant dans la bouche de l'eau de neige ou de glace, qu'il y gardait jusqu'au moment où elle commençait à s'échauffer. Plusieurs personnes qui ont usé de ce remède s'en sont parfaitement trouvées.

373. ÉCORCHURES (Remède pour les). Il suffit d'appliquer dessus des compresses d'eau salée, ou d'urine toute chaude. Il faut avoir soin de tenir les compresses toujours mouillées.

374. *Autre remède.* Un spécifique excellent pour toute espèce d'écorchure, et qui ne demande ni soins ni préparatifs, c'est la cendre de papier

brûlé, mise sur la plaie nouvelle, jusqu'à ce qu'une guérison parfaite la fasse tomber d'elle-même. Ce remède est certain.

375. ÉCORCHURES ET PLAIES AUX JAMBES. Prenez la partie blanche d'un pourreau, trempez-la dans du lait tiède, pour la faire ramollir, et appliquez-la sur la partie malade, après l'avoir bassinée avec du lait tiède: vous changerez le pourreau toutes les vingt-quatre heures, jusqu'à parfaite guérison.

376. EMPOISONNEMENS DIVERS. (*Leur traitement.*)

1° Lorsqu'on a été mordu par un animal venimeux, il faut d'abord employer les topiques relâchans et humectans, comme les cataplasmes des quatre farines ou avec la mie de pain; on doit quelquefois dégorger la partie malade avec la lancette ou avec les sangsues: on verse quelquefois aussi avec succès par-dessus quelques gouttes d'alcali volatil.

2° Si l'on a été mordu d'une vipère, indépendamment de ce traitement local, il faut prescrire des boissons légèrement sudorifiques: telles que l'eau de tilleul ou celle de sureau, auxquelles on ajoutera, toutes les deux heures, six ou huit gouttes d'eau de Luce ou d'alcali volatil. On maintient le malade au lit, la sueur vient, et il guérit.

3° Quant à la piqûre d'insectes: tels que les abeilles, les guèpes et certaines fourmis, on les calme avec l'huile d'olive ou avec des cataplasmes émolliens, secondés de bains et de quelques boissons rafraîchissantes: l'alcali volatil versé sur la piqûre peut être très-efficace.

377. **EMPOISONNEMENS PAR LES VÉGÉTAUX.** Dans ce cas il faut se hâter d'exciter le vomissement par un ou deux grains d'émétique dans de l'eau tiède; mais si le vomissement avait déjà eu lieu par l'effet du poison, il faudrait se contenter de faire prendre au malade de l'eau tiède en abondance, de l'eau de poulet, de l'eau de veau ou du lait coupé avec beaucoup d'eau; on prescrit aussi les lavemens émolliens, et, s'il y avait des symptômes d'imflammation, il faudrait recourir à la saignée du bras.

Si le malade a été empoisonné avec les narcotiques, après le vomissement excité par la nature ou par l'art, on lui prescrira les boissons acidulées avec le vinaigre, qu'on donnera aussi en lavement: si l'assoupissement était profond, il faudrait lui faire une saignée au pied, pour recourir ensuite aux vésicatoires des jambes.

Voici les plantes placées dans la classe des poisons:

1° L'aconit, 2° les anémones, 3° la grande chélidoine, 4° les clématites, 5° l'ellébore, 6° les amandes amères, 7° la cigüe, 8° le pavot, et surtout l'opium que l'on en retire, tous deux narcotiques; 9° les champignons.

378. EMPOISONNEMENT OCCASIONNÉ PAR LE PAIN DE SEIGLE ERGOTÉ. Le seul remède que l'on connaisse contre cet empoisonnement, est de boire beaucoup de lait.

379. EMPOISONNEMENS PAR LES CHAMPIGNONS. A la suite de cet article, que l'on trouvera figurant dans la partie consacrée à la cuisine, j'avais donné les moyens de venir au secours des victimes de ce mal si funeste: je pense qu'il sera mieux placé ici, où je traite des divers empoisonnemens. On trouvera toujours à l'article des champignons (voyez *Cuisine*) les renseignemens que je donne pour faire reconnaître les bons champignons avec les mauvais.

Les personnes qui ont mangé des champignons malfaisans, éprouvent plus ou moins promptement tous les accidens qui caractérisent un poison âcre, stupéfiant, savoir: des nausées, des envies de vomir, des efforts sans vomissement avec défaillance, anxiétés, sentiment de suffocation, d'oppression, souvent ardeur avec soif, constriction à la gorge, etc.

A ces premiers symptômes se joignent bientôt des vertiges, la pesanteur de la tête, la stupeur, le délire, l'assoupissement, la léthargie, des crampes douloureuses, des convulsions, le froid des extrémités et la faiblesse du pouls. La mort vient ordinairement terminer, en deux ou trois jours, cette scène de douleur.

Les accidens se manifestent plus ou moins promptement, selon la quantité que l'on en a mangé, leur qualité plus ou moins malfaisante et enfin le tempérament de la personne. Quelquefois les accidens se déclarent peu de temps après le repas; le plus ordinairement ils ne surviennent qu'après dix à douze heures.

Le premier objet, dans tous ces cas, doit être de procurer la sortie des champignons vénéneux. Ainsi, on doit employer un vomitif, tel que le tartrite de potasse antimonié ou émétique ordinaire; mais, pour rendre ce remède efficace, il faut le donner à une dose suffisante, l'associer à quelque sel propre à exciter l'action de l'estomac, délayer, diviser l'humeur glaireuse et muqueuse, dont la sécrétion est devenue abondante par l'impression des champignons. On fera donc dissoudre dans un demi-kilogramme (une livre ou chopine) d'eau chaude, deux à trois décigrammes (quatre ou cinq grains) d'émétique, avec douze à seize grammes (deux ou trois gros) de sel de Glauber, et on fera boire à la personne malade cette solution par verrées tièdes, plus ou moins rapprochées, en augmentant les doses jusqu'à ce qu'elle ait des évacuations.

Dans les premiers instans le vomissement suffit quelquefois pour entraîner tous les champignons et faire cesser les accidens; mais si les secours convenables ont été différés, si les accidens ne sont survenus que plusieurs heures après le repas, on doit présumer qu'une partie des champignons vénéneux a passé dans l'intestin, et alors il est nécessaire d'avoir recours aux purgatifs, aux lavemens faits avec de la casse, le séné et quelque sel neutre, pour déterminer des évacuations promptes et abondantes. On emploîra dans ce cas avec succès, comme purgatif, une mixture faite avec l'huile douce de ricin et le sirop de pêcher, que l'on aromatisera avec quelques gouttes d'éther alcoolisé (liqueur d'Hoffmann), et que l'on administrera par cuillerées plus ou moins rapprochées.

Après ces évacuations, qui sont d'une nécessité indispensable, il faut, pour remédier aux douleurs, à l'irritation produite par le poison, avoir recours à l'usage des mucilagineux, des adoucissans, que l'on associe aux fortifians. Ainsi on donnera au malade l'eau de riz gommée, une légère infusion de sureau coupée avec le lait, et à laquelle on ajoutera de l'eau de fleurs d'orange, de menthe simple et un sirop. Pendant qu'on suit ponctuellement ce qui est dit ici, un domestique a monté le meilleur cheval en l'écurie, et vole à la ville chercher un médecin, auquel il doit annoncer la nature de l'accident, afin que celui-ci se munisse de ce qui est le plus nécessaire, et qu'il ne peut espérer trouver à la campagne.

380. **EMPOISONNEMENS PAR LES MINÉRAUX** (arsenic et vert-de-gris). Le jus de trois citrons exprimés dans un grand verre et mêlé avec deux gros d'yeux d'écrevisses, réduits en poudre très-fine, qu'on mêle bien avec l'acide et qu'on avale sur-le-champ, neutralise le corrosif de l'arsenic et du vert-de-gris, et guérit dans très-peu d'instans les douleurs occasionnées dans les instestins par la présence de ces poisons. Si le premier verre ne produit pas tout l'effet qu'on doit en attendre, on en avale un second et même un troisième dans les vingt-quatre heures; et dès que les douleurs ont cessé, on purge le malade deux ou trois fois avec de la manne fondue dans de la bonne huile d'olive, et on lui fait boire du lait.

381. *Autre traitement.* Dans l'empoisonnement par l'arsenic, on peut, à défaut d'autres secours, faire boire une forte lessive de cendres: quelques bottes d'allumettes brûlées dans les cendres chaudes donnent à l'instant même un sulfure abondant et précieux en pareil cas.

382. **ENGELURES** (*Remède*). Il faut pendant plusieurs jours se frotter avec de la teinture alcoolique de benjoin.

383. *Autre remède.* L'alun est un puissant spécifique contre les engelures; pour s'en servir on en fait dissoudre une demi-livre dans une pinte et demie d'eau tiède, et l'on y baigne un quart-d'heure la partie malade. Si l'on fait ce remède deux fois par jour, aussitôt que l'on aperçoit le mal, on sera guéri après le second bain. Si l'on a négligé les engelures pendant quelques jours, et qu'elles ne soient pas entamées, elles se guériront après quatre ou cinq bains.

Si elles étaient entamées, il faudrait prendre toujours deux bains, doubler la quantité d'eau et couvrir les engelures après le bain, avec un linge sur lequel on aura étendu un peu de cérat galien. Dans tous les cas le remède est certain.

384. *Autre remède.* Si l'engelure n'est point entamée, elle sera bientôt passée si on la frotte avec de l'alcali volatil.

385. ENTORSES (Traitement des). Le remède le plus sûr et le plus hâtif est de plonger aussitôt l'accident la partie malade dans l'eau la plus froide qu'on pourra se procurer. Quand on a négligé ce moyen, il faut étendre sur la partie foulée de la filasse imbibée de deux cuillerées d'eau-de-vie et de trois blancs d'œufs battus ensemble. On y ajoute un demi-gros de savon râpé.

386. ESQUINANCIE (*Remède*). Pour la guérir

il suffit d'appliquer extérieurement, à l'endroit des amygdales (en dehors de la gorge), un cataplasme fait avec des cloportes pillés. Ce remède est éprouvé.

387. FLUX DE SANG (*Remède*). Pour une personne d'une forte complexion, deux onces de manne fondue dans une verrée d'eau bouillante, la passer au travers d'un linge, y jeter deux cuillerées d'eau de plantain, et la faire boire.

Si la personne est délicate ou jeune, on diminuera la manne d'une demi-once, et d'une demi-cuillerée l'eau de plantain.

388. *Autre.* Pour un enfant ou sujet faible, trois quarts de tasse, moitié café, moitié huile d'olive; prendre à jeun tous les deux jours: dans la journée, de l'eau de riz. Pour un sujet fort, tasse entière.

389. FLUXION DE POITRINE. (*Remède tiré de Poinsot, auteur de l'Ami des malades.*)

Une quinzaine d'écrevisses vivantes; les concasser, seulement pour les empêcher de remuer, et les appliquer sur le champ entre deux linges sur la poitrine du malade; les y laisser douze à quinze heures au plus; une nuit entière est suffisante: elles pueront horriblement le lendemain; c'est pourquoi il faudra mettre plusieurs linges par-dessus, pour que le malade ne soit pas trop incommodé de l'odeur. (Ce remède est éprouvé.)

390. **FER CHAUD** (mal d'estomac, sorte de maladie causée par une chaleur insupportable dans l'estomac et la gorge). Prenez des yeux d'écrevisses, réduisez-les en poudre et avalez-en, soit avec de l'eau, soit avec du bouillon.

391. **GALE** (Remède contre la). Prenez une forte poignée de feuilles de laurier-rose, ou laurelle à fleurs roses; faites-les bouillir à petit feu dans un pot neuf vernissé, avec une pinte de gros vin rouge et une livre d'huile d'olive; lorsque le tout est réduit à faire onguent, le malade s'en frotte le corps, notamment les articulations (le creux de l'estomac excepté), durant neuf jours, pendant lequel temps on ne changera pas de linge et on ne se lavera ni pieds ni mains, et on aura grand soin de ne pas se mouiller. On n'observera aucun autre régime, et on sera radicalement guéri. Je puis assurer la bonté de ce remède.

392. *Autre remède.* Prenez pour deux liards de soufre commun, pulvérisez-le avec autant de sel et autant de poivre, le tout réduit en poudre subtile: vous le mettrez dans un petit linge, que vous lierez d'un fil, et le mettrez tremper dans de l'huile de navette l'espace de vingt-quatre heures; ensuite vous en frotterez toutes les jointures du corps de la personne attaquée de la gale pendant huit jours.

393. GUÊPE (*De la piqure dans le gosier*). Si en buvant ou mangeant un fruit on venait à avaler une guêpe, et qu'elle piquât l'intérieur de la gorge, on verrait aussitôt survenir les plus affreux symptômes. Le seul remède connu est de boire sur-le-champ, et à plusieurs reprises, du sel commun délayé dans le moins d'eau possible.

394. HÉMORRAGIES. (*Remèdes pour les arrêter*). Si l'hémorragie est au nez, faites respirer fortement de l'agaric de chêne (ou amadou) réduit en poudre, comme du tabac. Pour les blessures, on applique l'aguaric préparé ainsi qu'il suit : on coupe sur les vieux chênes l'agaric au mois d'août et de septembre ; on en ôte tout ce qui est dur dessus et dessous, et l'on bat avec un marteau la partie tendre, dont on fait des morceaux plus ou moins épais, que l'on conserve pour l'occasion.

395. HÉMORRAGIE. (*Artère piquée.*) Faites griller une fève; mettez-là sur la piqûre; le sang s'arrêtera infailliblement.

396. HÉMORRAGIE DU NEZ. Trempez un petit linge dans l'encre, appliquez le aux narines et respirez fortement; le sang s'arrêtera sur-le-champ ou peu de temps après.

397. *Autre remède.* Si l'hémorragie est survenue à un homme, qu'on lui plonge aussitôt les par-

ties sexuelles dans l'eau la plus froide; on verra bientôt disparaître l'accident.

398. *Autre remède.* Faites dissoudre de l'alun dans du fort vinaigre, et respirez-en la vapeur toute chaude. Ce que l'on vient de dire dans les n°s 50, 51, 52, 53 et 54, regarde les hémorragies graves qui ont résisté à ce qui est prescrit dans l'article suivant.

399. HÉMORRAGIES SIMPLES. (*Leur traitement.*) Elles ne résistent pas à une immersion du nez, des mains et de la figure, dans un vase d'eau froide, acidulée ou saturée d'alun, pour resserrer les vaisseaux sanguins. Buchan conseille l'immersion des parties sexuelles dans de l'eau froide et le frottement des tempes, des ailes du nez et du front, dans de fort vinaigre. Dans quelques cas on introduit dans le nez un peu d'amadou imbibé de vinaigre, et toujours le desserrement du cou, l'exposition à l'air froid et la précaution de tenir le corps et la tête dans une situation droite, sont exigés.

400. HÉMORRAGIE DES PLUS VIOLENTES. Il y a quelques mois que je me trouvais dans une maison où le fils, par suite d'une hémorragie qui avait résisté à tous les remèdes, donnait les plus vives inquiétudes. Dans ce moment pressant

je m'avisai de prescrire un bain de pieds très-chaud, et au même moment je lui fis plonger les mains et les bras dans de l'eau très-froide. L'hémorragie cessa aussitôt. Je désirerais bien être à même de renouveler cette expérience.

401. HERNIES OU DESCENTES. (*Remède pour les résoudre et les faire rentrer.*) Lorsque les moyens ordinaires n'ont pu réussir à faire rentrer la hernie, qu'elle grossit et durcit, il faut cesser tout effort pour la faire rentrer. Prenez la valeur de deux poignées de crottes de mouton, écrasez-les dans du lait, faites cuire le tout ensemble, pour le reduire en une espèce de bouillie épaisse, que vous appliquerez entre deux linges sur l'éruption. Ce cataplasme produit ordinairement son effet en un bon quart-d'heure; il amollit tout ce qui est sorti, et alors il est facile de la faire rentrer.

402. HERNIES DE L'INTESTIN. Prenez de la terre qui se trouve dans les auges des couteliers et taillandiers, et du sain-doux, la dose à discrétion; fricassez-les à la poël, comme on le ferait d'haricots verts, puis appliquez sur la descente entre deux linges aussi chaud qu'on pourra l'endurer. Le malade doit être couché et avoir la tête plus basse que les pieds. La réduction s'opérera facilement: alors vous mettrez un bandage.

403. **HYDROPISIE.** (Remède contre l'). Un infirmier de l'hôpital de Bourg (Ain) a guérie de l'hydropisie plusieurs personnes qui avaient vu tous les remèdes de l'art ne produire aucun effet salutaire sur eux. Son remède consiste à prendre trois bonnes poignées de cresson de fontaine et quatre gros oignons blancs, qu'on fait bouillir dans trois litres d'eau, réduits à un tiers. On prend le matin un verre de cette décoction tiède, passée sans l'exprimer; on en boit un second à midi et le soir on en avale un troisième. Pendant la nuit le remède produit des agitations. Le lendemain matin on en avale un nouveau verre; un cinquième à midi, et, enfin, un dernier le soir, si auparavant de longues transpirations ne se sont pas établies et si les voies urinaires n'ont pas été abondamment dégorgées. Il est rare que dès le second jour toutes les fonctions n'aient pas repris leur marche habituelle (voyez n° 6).

404. **LAVEMENT.** Lorsqu'il est question de procurer une évacuation prompte et abondante, faites une décoction de feuilles de tabac sechées, et administrez-la. Elle fait plus d'effet que les autres émétiques par la bouche.

405. **MÉDECINE** (Recette pour faire la).

Feuilles de séné, demi once; feuilles de pêcher, deux gros: laissez infuser le tout dans la valeur d'une bonne tasse d'eau bouillante ; ajoutez-y, au moment de la prendre, deux cuillerées de sirop de mélasse.

On fait infuser la médecine dès la veille. On exprime le jus des feuilles. Toutes les fois que l'on va, on prend une tasse de bon bouillon gras.

406. NOYÉS (Traitement des). 1° On transportera la personne noyée, le plus promptement et le plus doucement possible, dans l'endroit le plus près et le plus commode, en observant de la maintenir couchée sur le côté, la tête élevée, ayant le reste du corps enveloppé d'une couverture de laine.

2° Apres avoir deshabillé le noyé avec célérité (il faut, pour ne point trop l'agiter, fendre ses vêtemens) ; on l'enveloppera largement d'une couverture de laine et on le couchera sur un matelas à terre près d'un grand feu ; on le maintiendra sur le côté, la tête levée avec un oreiller un peu dur.

On fera au noyé des frictions sur les diverses parties du corps, d'abord avec une flanelle sèche et ensuite imbibée de quelque liqueur spiritueuse, telle que l'eau de mélisse, l'esprit de vin, l'eau vulnéraire camphrée, l'eau de lavande, le vinaigre des quatre voleurs, etc.

On fera bien aussi, pour réchauffer son corps, de placer sur l'estomac et sous la plante des pieds une brique convenablement chaude et couverte d'un linge.

3° On versera dans la bouche du noyé, si on le peut, quelques gouttes de vin chaud, de l'eau de vie ou de l'eau de mélisse.

4° On lui poussera de l'air dans les poumons; et la meilleure manière d'y parvenir, c'est d'introduire le tuyau d'un soufflet dans une des narines et de comprimer l'autre avec les doigts. On peut, à défaut d'un soufflet, se servir d'un tuyau quelconque, que l'on introduira par la même voie.

5° On chatouillera le dedans des narines et de la gorge avec la barbe d'une plume, et on tachera de l'irriter avec la fumée de tabac, avec de l'eau de Luce, de l'alcali volatil ou de l'eau de la reine d'Hongrie, etc.

6° Dès que le noyé commencera de jouir du mouvement de déglutition, on en profitera pour lui faire avaler quelques petites cuillérées d'une liqueur d'eau de mélisse, de bon vin chaud ou d'eau émétisée. Quelquefois le noyé les garde dans sa bouche plus ou moins long-temps et finit par les avaler. Il faut toujours observer de ne pas trop lui remplir la bouche, jusqu'à ce que le mouvement de déglutition soit bien rétabli. S'il éprouve des nausées, on lui fera prendre quelqnes cuillerées d'eau légèrement émétisée pour exciter les selles ou pour provoquer quelques évacuations par le haut.

7° Il faut donner au noyé des lavemens irritans. Prenez: feuilles sèches de tabac, demi-once; sel marin, trois gros; faites bouillir dans suffisante quantité d'eau, pendant un quart d'heure, et en même temps qu'on pratique les autres secours, on peut réitérer les lavemens, surtout lorsque le noyé tarde à reprandre connaissance.

8° Dans les sujets dont le visage est rouge, violet, noir, dont les membres sont flexibles et qui ont encore de la chaleur, la saignée à la jugulaire est la plus efficace. Au défaut de cette saignée, on ferait celle du pied; mais il faut éviter toute espèce de saignée sur des corps froids et dont les membres commencent à se roidir; on doit, au contraire, s'occuper à réchauffer les noyés qui se trouvent en pareil cas.

9° Il faut presser doucement avec la main, et à diverses reprises, le bas-ventre du noyé. Avec de la patience, en exécutant méthodiquement ce qui vient d'être dit, on arrachera à la mort une infinité de victimes. Il est inutile de défendre ici de pendre par les pieds les noyés; on ne saurait employer un meilleur moyen pour hâter la mort.

407. **PANARI.** Dès qu'un panari se manifeste, appliquez trois ou quatre sangsues, et laisser bien saigner.

408. *Autre remède.* Plongez la main dans un vase rempli d'eau chaude, et dont on augmente

insensiblement la chaleur en ajoutant de l'eau bouillante: il faut prolonger cette immersion plusieurs heures.

409. PHARMACIE. Je le répète, il est indispensable, quand on habite la campagne, d'avoir une petite pharmacie; les accidens surviennent dans le moment où l'on s'y attend le moins, et sans cette précaution on se trouverait dans l'impuissance de soulager les siens et d'être utile à ceux qui nous entourent.

Je vais donc indiquer ici les choses qu'il est indispensable d'avoir.

1° Des sangsues;

2° Un flacon d'alcali volatil;

3° De l'eau de la reine de Hongrie;

4° De l'alun;

5° De l'éther, ou liqueur d'Hoffmann;

6° Du vinaigre des quatre voleurs;

7° Une demi-bouteille d'eau-de-vie camphrée;

8e De l'émétique, divisé en paquet de dose et de demi-dose: les demi-doses seront réservées pour les enfans et les personnes faibles;

9° De la farine de moutarde;

10° Des feuilles de tabac;

11° Des feuilles de séné;

12° Du thé;

13° Du thé de Suisse;

14° Du tilleul;

15° De la guimauve;

16° De la comomille;

17° De la violette:

18° Du sureau;

19° De la bourrache;

20° Du bouillon blanc;

21° De le mauve, feuilles, fleurs et racines; vous en aurez besoin pour vos bestiaux;

22° De la petite marguerite des champs, etc.;

23° Des yeux d'écrevisse (voyez Empoisonnement par l'arsenic et le vert-de-gris);

24° De l'eau de Luce;

25° De l'agaric, en peau et en poudre.

Avec cés petites provisions, que l'on peut en partie cueillir ou faire chez soi, on est sûr de n'être jamais pris au dépourvu.

Bien que je donne ici une liste de ce que j'ai cru être le plus utile, chaque personne peut consulter son médecin pour la formation de sa petite pharmacie.

410. RAGE. (Ce remède est extrait du Courrier français, du 15 Septembre 1824, n° 259.)

Prenez environ une once de la racine de la plante connue sous le nom vulgaire de plantain d'eau, et que les botanistes nomment *alisma plantago;* réduisez cette racine en poudre et saupoudrez en deux tartines de pain beurré, que vous appliquerez l'une sur l'autre, et ferez manger au malade. Quand les premiers symptômes de l'hydrophobie se seront manifestés, la même dose doit être répété d'heure en heure; jusqu'à ce que les sphasmes aient cessé.

Nota. Ce remède est bon contre la morsure des serpens et contre le tétanos.

411. *Autre remède.* (Extrait de la Gazette uni verselle de Lyon, Courrier du midi du 20 décembre 1813). Une livre et demie par jour de décoction de sommités de fleurs de genet jaune fleuri. Examinez deux fois par jour le dessous de la langue, endroit ou doivent se former de petite boutons, contenant le virus de la rage; cautérisez-les dès leur formations avec une aiguille rougie au feu, après quoi le malade se gargarise avec la décoction de genet. Suivre le traitement pendant six semaines.

Observation de l'éditeur. Je confesse que toute grande que soit ma foi pour les deux remèdes que je viens de donner, si j'avais le malheur d'être mordu, je ferait aussitôt brûler avec soin la plaie; puis, cela savamment fait par un chirurgien, je me mettrais à faire un des deux remèdes que je viens de donner.

412. **RETENTION D'URINE.** (Remède avec equ el j'ai sauvé mon père, abandonné des médecins.)

Concassez une dixaine de noyaux de pêche (noyaux et amandes) dans un mortier de fer; faites bouillir dans une pinte d'eau jusqu'à ce qu'il ne reste plus qu'un tiers du liquide; faite en boire une grande verrée au malade et une seconde deux heures après, s'il n'a point uriné. Le liquide doit être tiré au clair (mais point passé), afin qu'il ne se trouve point de morceaux d'écorce. Quand on destine des noyaux à cet usuge, ils ne doivent point être sucés. Les pêches fines d'espalier sont celles qu'il faut préférer.

413. **RHUMATISMES** (Remède contre les douleurs des). J'étais depuis six semaines en proie à des douleurs horribles, qui me privaient, et du repos et de l'usage de la chambe droite. Les vésicatoires, les sangsues apposées, ainsi que l'esprit de vin, les gouttes de laudanum, avaient été sans succès; les bains des vapeurs n'avaient pas été plus heureux. Mes souffrances étaient arrivées à un point qui me faisait envisager la mort comme un bienfait, quand un vieux chirurgien des armées vint me voir et me donna le remède suivant, qui m'a soulagé dès le même instant et guéri radicalement en huit jours: huile de jusquiame, une demi-once, essence de térébenthine une demi-once, mêlées; le tout légèrement camphré (1). Se

(1) La dose que l'on fixe ne saurait être employée en une

frotter avec ce composé pendant huit ou dix minutes, afin que la liqueur pénètre bien, et s'envelopper la partie souffrante avec de la grosse flanelle. Si la douleur est, comme elle l'était chez moi, fixée, elle ne tardera pas à changer de place; il faut la poursuivre, en ayant soin de frotter du haut en bas. Je me frottais le soir en me mettant au lit et le matin; au bout de six jours la douleurs était sous le pied: quatre ou cinq frictions ont suffi pour la faire disparaître totalement.

414. *Autre remède. (Esprit vésicatoire contre le rhumatisme.)* Prenez de la poudre de cantharides une demi-once, et de l'esprit de vin camphré quatre onces; mêlez, mettez en digestion et passez ensuite. Il faut frotter avec plusieurs gouttes de cet esprit les parties attaquées de rhumatisme; les douleurs s'apaiseront bientôt, quelquefois même disparaîtront tout-à-fait.

415. *Autre remède.* Prenez du chanvre en suffisante quantité, trempez-le dans de bonne eau-de-vie, saupoudrez-le d'encens passé au tamis et couvrez-en la partie malade. Ce topique calme en peu d'instans les douleurs les plus aiguës; on le laisse sur l'endroit affecté tant qu'il y adhère, et

---

seule fois; il suffit de mettre sur la main quatre ou cinq gouttes de la composition et de se frotter avec.

si le mal ne disparaît point à la première application, on en fait une seconde, qui l'enlève.

416. *Autre remède simple et assuré contre les coliques, les rhumatismes et la sciatique.* On calme les douleurs les plus aiguës occasionées par ces trois maladies, en faisant bouillir dans de l'eau une certaine quantité de cendres, et se servant de cette lessive aussi chaude que possible, pour en faire des frictions ou des fomentations sur les parties affectées. Ces frictions se font ou avec la main ou avec une flanelle qui en est imbibée.

Les fomentations se font en laissant sur la partie douloureuse une flanelle trempée dans cette lessive.

417. RHUME (Remède contre le). Ce remède est, dit-on, très-bon.

Prenez manne en larmes nouvelles, une once et demie; casse cuite, une once; sirop d'althéa de Fernel, une once; beurre de cacao et amandes douces, de chaque six gros; eau de fleurs d'orange double, quatre gros; kermès minéral, quatre grains: faites du tout un électuaire; vous en prendrez soir et matin une forte cuillerée à café et vous boirez par-dessus une tasse d'une légère infusion de fleurs de mauve, édulcorée avec le sirop de guimauve: vous continuerez le traitement jusqu'à parfaite guérison. Ce remède ne doit être employé que contre les rhumes violens, inflammatoires, et ceux négligés, les plus dangereux de tous.

418. SANGSUES (Moyen d'arrêter le sang des piqures de). Il arrive assez fréquemment qu'une ou plusieurs sangsues ayant piqué, séparément ou ensemble, sur un vaisseau un peu considérable, l'hémorrhagie résiste aux moyens ordinaires, et finirait par plonger le malade dans un état de faiblesse alarmant, si on n'y mettait ordre. Je vais donner les moyens à employer en pareil cas.

Prenez de l'amidon, mettez-le sur un morceau d'amadou et appliquez-le dessus la piqure.

Si ce moyen est insuffisant, faites dissoudre de l'alun dans de l'eau et trempez-y de l'amadou, que vous appliquerez bien imbibé de cette dissolution. On verra bientôt le sang s'arrêter.

419. SINAPISME (Composition d'un). Prenez une once de farine de moutarde (la graine même concassée), mèlez-la avec une cuillerée de raifort râpé, autant de levain et un peu de vinaigre, que l'on applique sur la partie supérieure du bras ou le gras de la jambe, et que l'on laisse jusqu'à ce qu'on y ressente une inflammation considérable. Ce sinapisme produit les effets les plus salutaires dans les grands maux de tête ou de dents les vertiges, les étourdissemens, les suffocations et même les attaques d'apoplexie et de paralysie, etc.

420. TÊTE (Remède contre les douleurs et rhumatismes de la). Prenez des feuilles de chou rouge, écrasez-en légèrement les côtes des feuilles, et appliquez ces feuilles chaudes sur la partie souffrante. Ce remède est aussi bon que simple.

421. VERRUES ET POREAUX. Frottez-les plusieurs fois par jour avec du lait de figuier. D'autres personnes emploient la pierre infernale; enfin d'autres les font disparaître en les frottant avec un morceaux de viande de bœuf crue plusieurs fois par jour. Le jus de la viande pénètre à la racine, y pourrit et communique aux racines des verrues la même contagion; ce qui les fait tomber. Enfin, le suc de la tithymale, appliqué dessus, les guérit aussi.

422. VIE. (*Moyen de la prolonger*). On compose un sirop en prenant huit livres de suc de mercuriale, deux livres de suc de bourrache, deux [illegible]res de suc du bouglosse, deux livres de miel de Narbonne (ou miel ordinaire bien épuré), un quarteron de racine de gentiane, une demi livre de racine de flambe, et trois chopines de vin blanc. Faites infuser pendant vingt-quatre heures dans le vin blanc les racines de gentiane et de flambe coupées par tranches; agitez-les souvent dans le temps qu'elles infuseront, et passez cette [illegible]nfusion par un linge sans expression; mettez dans

un pot le miel, les sucs de mercuriale, de buglosse et bourrache, donnez-leur un bouillon, et passez-les ensuite par la chausse d'hippocras pour les bien clarifier. Mettez ces sucs avec l'infusion des racines; faites cuire ce mélange en consistance de sirop, et ayez soin de le bien écumer quand il cuira. On doit faire ce sirop au mois de mai, qui est le temps où les herbes sont dans toutes leur force.

Propriété. On prendra tous les matins à jeûn une cueillerée de ce sirop, qui est excellent pour prolonger la vie : il ne souffre aucune corruption dans le corps.

423. YEUX (Taches et taies aux). Prenez une ou deux coques d'œufs de poule, faites-les parfaitement sécher sur une pelle à feu, sans cependant les roussir ni les brûler; pelez-les dans un mortier de fer ou autre, en y ajoutant un peu de sucre-candi; passez cette poudre dans un tamis bien fin : faites entrer une petite pincée de cette poudre dans l'œil malade, en la souflant à travers un tuyau de plume; tenez l'œil bien fermé, et assujettissez-le ainsi avec une compresse. Renouvelez ce remède pendant quelques jours, matin et soir.

424. *Autre remède contre les taches, taies, dépôts de lait, de petite vérole, orgelet, faiblesse* etc. Ce remède est ma propriété; Il est depuis plus de deux cents ans dans notre famille et n'a jamais

été imprimé : ses effets sont surprenans dans presque toutes les affections de la vue ; il est efficace dans les cas sus-dénommés.

Prenez un once d'alun de glace, une once couperose blanche, une demi-once sucre-candi, le tout pilé séparément ; faites bouillir trois-quarts de litre d'eau de fontaine ou de rivière ; lorsqu'elle bouillira, vous y jeterez l'alun et le sucre-candi, et lorsque ces deux objets sont presque fondus, vous y mettrez la couperose ; vous laisserez bouillir quatre ou cinq minutes, puis pour clarifier votre eau vous y mettrez un blanc d'œuf battu avec sa coquille ; quand l'œuf est cuit, vous passerez le liquide au travers d'un linge, et vous le conservez en bouteille. Les personnes qui désireraient s'en servir devront, selon la gravité du mal, en mettre une ou deux fois par jour une goutte dans l'œil : il faut éviter de sortir au grand air immédiatement après, une demi-heure de repas ou de réclusion suffit, pour raffermir l'œil et donner le temps à la douleur de passer. La cuisson est courte, mais forte, sans douleur, point de guérison.

N.B. Il vient sur l'eau, au bout de quelque temps, une pelicule, qui n'altère nullement l'eau qui peut se conserver bonne une année ; il suffit de la remuer fortement lorsque l'on veut s'en servir.

425. *Autre remède.* Faites dans une fiole un mélange d'extrait de saturne et de l'huile d'olive

superfine, battez le tout ensemble jusqu'à onguent; s'il y a trop d'huile, l'écouler et remêler : mettez de cet onguent sur une toile de la largeur d'un petit écu, et appliquez-le sur l'œil; renouveler jusqu'à guérison.

426. *Autre remède.* Laver les yeux avec un tiers extrait de saturne, un tiers d'eau de fontaine.

427. *Autre remède.* (*Collyre pour les maux d'yeux*). Prenez deux grammes de vitriol blanc et deux hectogrammes d'eaux-rose; faites dissoudre le vitriol et filtrez cette liqueur. Ce remède, quoique simple, est peut-être égal en vertu aux collyres les plus renommés : en laver les yeux soir et matin.

428. EAU DE COLOGNE. Sur deux litres d'esprit de vin rectifié mettez deux onces essence bergamote, une once essence de citron, quatre gros d'huile essentielle de romarin, quatre gros essence de lavende. Mêler le tout ensemble, et après deux jours d'infusion le clarifier.

429. *Autre.* Prenez huile essentielle de néroli, de cédra, d'orange, de citron, de bergamote et de romarin, de chaque douze gouttes; semence de petite cardamome, un gros. Faites infuser le tout dans un litre d'esprit de vin à 33 degrés.

430. EAU DE LUCE. Pour bien faire cette eau, dont l'efficacité dans les accès spasmodiques est si reconnue, vous prendrez quatre onces d'esprit de vin très-rectifié, dans lequel vous ferez dissoudre dix ou douze grains de savon blanc; vous filtrerez cette dissolution, vous y ferez encore dissoudre un gros d'huile de succin très-rectifiée: vous filtrerez le tout à travers un papier gris; vous mêlerez peu à peu cette dissolution dans de l'esprit volatil de sel ammoniac le plus fort et le plus pénétrant qu'il vous sera possible d'avoir, jusqu'à ce que ce mélange, que l'on aura eu soin de faire dans un flacon de cristal et de secouer à mesure qu'il se fera, soit d'un beau blanc de lait bien mat: s'il se formait une crême à sa surface, vous y ajouteriez un peu d'esprit de vin savonneux et huileux.

Des eaux, élixirs et vinaigres médicinaux. (1)

431. EAU VULNERAIRE. Prenez quatre onces des substances suivantes: angélique, absinthe, sariette, fénouil, hysope, mélisse, basilic, rue, thym, marjolaine, romarin, origan, calamant, serpolet et lavande: coupez grossement toutes ces plantes, les faire infuser pendant huit jours dans

(1) Je ne donne ici que ceux que l'on peut obtenir par l'infusion.

six pintes esprit de vin à vingt-cinq ou trente degrés; passer à travers un filtre.

En faire boire depuis la dose de deux gros jusqu'à celle d'une once, pour les coups, chutes, etc.

432 EAUX CONTRE LES VENTS. Prenez racine d'angélique un demi-gros, anis trois gros, cannelle deux gros, girofle un gros, thym un gros, romarin un gros, lavande un gros. Il faut faire infuser toutes ces substances dans une pinte d'eau-de-vie pendant huit jours; on y fait fondre trois onces de sucre en poudre; on la passe et on la conserve en bouteilles bien bouchées. La dose est une cuillerée à bouche pour une personne adulte.

433. ELIXIR DE LONGUE VIE. Prenez une once et un gros aloës socotin, un gros zédoaire, un gros agaric blanc, un gros gentiane, un gros safran du Levant, un gros rhubarbe fine, le tout en poudre; passez par un tamis fin; vous y joindrez un gros de thériaque de Venise. Mettez le tout dans une bouteille de gros verre, la thériaque le dernier; versez dessous une bonne pinte d'eau-de-vie: bouchez avec du parchemin mouillé; quand il sera sec, piquez-le avec une épingle; remuez-le pendant neuf jours, soir et matin; filtrez-le et conservez en bouteille.

Propriétés. 1° Pour les maux de cœur, une cuillerée à bouche, pur; 2° pour les indigestions, une cuillerée dans quatre de thé; 3° pour l'ivresse, deux cuillerées, pur; 4° pour douleurs de goutte lorsqu'elle remonte, trois cuillerées à café, pur; 5° pour coliques d'entrailles, deux cuillerées dans quatre cuillerées d'eau-de-vie (cuillerée à café); 6° pour les vers, une cuillerée à café à jeûn dans trois de vin rouge pendant huit jours et se promener une heure, déjeûner après; 7° pour purger en forme, trois cuillerées pour les plus robustes, et deux pour les femmes, après un léger souper: éviter le lendemain de prendre trop l'air et de manger de la salade, laitage, ni crudité; 8° pour la suppression des menstrues pendant trois jours consécutifs, une cuillerée à jeûn dans trois de vin rouge et se promener, etc.

434. EXTRAIT DE GÉNIÈVRE. Epluchez et lavez une quantité quelconque de baies de genièvre, mettez-les sur le feu dans une bassine, avec un peu d'eau; faites bouillir pendant environ vingt minutes; puis on passe le liquide dans une linge, sans expression; on le fait bouillir de nouveau et on le laisse évaporer jusqu'à ce qu'il ait pris une consistance un peu ferme.

Cet extrait est très-stomachique et tonique; on en prend un à deux gros.

435. VIN DE GÉNIÈVRE (*Spécifique excellent*

pour prolonger la vie). Il faut prendre des graines de genièvre noires et mûres, cueillies en automne; mettez-en environ plein une écuelle dans deux pots d'eau ou de vin, les faire bouillir ensemble pendant un quart-d'heure; et quand le tout sera refroidi, en faire sa boisson ordinaire. Il faut laisser la graine dans le liquide.

436. **VINAIGRE BALSAMIQUE ET ANTIPUTRIDE.** On peut l'appliquer sur des blessures, il les guérit promptement. (En en frottant les boutons qui se manifestent aux moutons lors de la *clavelée* ou *clavau*, et en leur en faisant boire, il les guérit.) Prenez du bon vinaigre blanc, une poignée de lavande, feuilles et fleurs, autant de sauge, feuilles et fleurs, de même de l'hysope, du thym, du baume, de la sariette, une forte poignée de sel et deux têtes d'ail. On laissera infuser pendant quinze jours ou trois semaines dans un litre de vinaigre.

437. **VINAIGRE DES QUATRE VOLEURS.** Sur quatre pintes de vinaigre blanc vous y mettrez de la grande et de la petite absinthe, du romarin, de la sauge, de la menthe et de la rue, de chacune de ces plantes une onze et demie; vous y ajouterez deux onces de fleurs de lavande sèches, deux gros d'ail et autant d'écorce de cannelle, de girofle et de muscade. Vous couperez les plantes et con-

casserez les drogues sèches. Vous les ferez ensuite infuser au soleil pendant un mois dans un vase bien bouché; décantez après cela la liqueur, exprimez-en le marc, filtrez-la et ajoutez-y une demie once de camphre dissous dans un peu d'esprit de vin. Votre vinaigre ainsi achevé sera mis en bouteilles, bouchées hermétiquement.

FIN.

STRASBOURG,

DE L'IMPRIMERIE DE Mme Ve SILBERMANN.

www.ingramcontent.com/pod-product-compliance
Ingram Content Group UK Ltd.
Pitfield, Milton Keynes, MK11 3LW, UK
UKHW021031180726
13838UKWH00004B/1733